Daniel Pöllmann

Die Funktionsweise der Farbstoffsolarzelle

Mit experimentellem Teil

GRIN Verlag

Bibliografische Information der Deutschen Nationalbibliothek:

Die Deutsche Bibliothek verzeichnet diese Publikation in der Deutschen National-
bibliografie; detaillierte bibliografische Daten sind im Internet über http://dnb.d-
nb.de/ abrufbar.

Impressum:

Copyright © 2013 GRIN Verlag GmbH
Druck und Bindung: Books on Demand GmbH, Norderstedt Germany
ISBN: 978-3-656-54870-6

Dieses Buch bei GRIN:

http://www.grin.com/de/e-book/264731/die-funktionsweise-der-farbstoffsolarzelle

Inhaltsverzeichnis

1 Vorwort

In dieser Seminararbeit werde ich die Funktionsweise der Farbstoffsolarzelle erläutern, als auch verschiedene Experimente mit der Farbstoffsolarzelle durchführen, um ihre Einsatzgebiete genauer zu beleuchten und auch ihre Chancen im Gegensatz zu der derzeit weit verbreiteten Solarzelle auf Siliziumbasis zu beurteilen.

2 Einführung

Die Farbstoffsolarzelle ist eine Solarzelle, welche sich das Prinzip der Photosynthese zunutze macht und Farbstoffe, wie zum Beispiel Chlorophyll anstelle von Halbleitermetallen, wie es in einer normalen Solarzelle zum Einsatz kommt, verwendet. Andere Bezeichnungen für die Farbstoffsolarzelle sind „Grätzelzelle" und aus dem Englischen „dye sensitized solar cell" oder kurz „DSSC", beziehungsweise „DSC". Erfunden wurde die Farbstoffsolarzelle 1990 vom Schweizer Chemiker Michael Grätzel (*11.05.44), welcher die Farbstoffsolarzelle zwei Jahre später patentieren ließ[1].

3 Geschichte

Die Ölkrise von 1973 hat Michael Grätzel dazu animiert sich auf die Suche nach neuen, alternativen Energiequellen zu machen, wodurch er sich als Forschungsgebiet die Solarenergie auserwählt hat. In den 1980er Jahren fiel der nominale Ölpreis auf 4 Dollar/Barrel[2]. Durch diese niedrigen Preise wäre es nicht nötig gewesen die Suche nach alternativen Energiequellen weiterzuführen, jedoch hat Grätzel durch sein großes Durchhaltevermögen ein revolutionäres System entwickelt: Die Grätzelzelle. Durch die steigenden Ölpreise in den letzten Jahren werden alternative Energiequellen immer wichtiger, wodurch der Farbstoffsolarzelle immer mehr an Bedeutung zugeschrieben werden muss.

---

[1] vgl. Dokumentation von Science Suisse über die Farbstoffsolarzelle

[2] Wikipedia, die freie Enzyklopädie

4 Theoretischer Hintergrund

4.1 Licht

Licht ist für uns unabdinglich. Es ermöglicht uns zu sehen und uns im Raum zurechtzufinden. Es agiert auch als Transortmittel für die Energie der Sonne zur Erde. Würde uns die Sonne nicht ständig mithilfe des Lichts mit neuer Energie versorgen, wäre kein Leben auf der Erde möglich. Die Wellenlänge des sichtbaren Lichts erstreckt sich von 380nm bis

Abbildung 1: Interferenzmuster beim Doppelspaltexperiment

780nm. Genauer betrachtet stellen sich viele Fragen über das Licht; vor allem was ist Licht eigentlich?

4.1.1 Licht als Teilchen

Schwächt man Licht stark ab und führt das Doppelspalt-Experiment durch, so stellt man fest, dass Licht körnig ist, da die Photonen sich wie Teilchen verhalten und nur direkt hinter den Schlitzen beobachtbar sind[3].

4.1.2 Licht als elektromagnetische Welle

Führt man ein Experiment durch, in dem ein Doppelspalt mit Licht bestrahlt wird, stellt man fest, dass sich auf einem Schirm hinter dem Doppelspalt ein Interferenzmuster abbildet (Abbildung 1: Interferenzmuster beim Doppelspaltexperiment). Dadurch wird bewiesen, dass Licht ebenfalls als Welle auftreten kann. Bei dieser Welle handelt es sich um eine transversale Welle bei der die Vektoren des elektrischen und magnetischen Feldes im 90° Winkel aufeinander stehen[4].

4.2 Photoelektrischer Effekt

Der Photoelektrische Effekt besteht darin, dass Elektronen in einem Material freigesetzt werden, wenn dieses von elektromagnetischer Strahlung getroffen wird. Wird nun ein Material mit einer elektromagnetischen Welle bestrahlt, so werden Elektronen freigesetzt, wenn das eintreffende Photon die sogenannte Austrittsarbeit verrichtet[5].

---

3 Vorlesung an der LMU München von Prof. Dr. Ferenc Krausz

4 Vorlesung an der LMU München von Prof. Dr. Ferenc Krausz

5 Meyer, T.: Die Grätzelzelle - Die photochemische Solarenergiewandlung im Vergleich zur Photovoltaik auf Siliziumbasis, S.6

4.3 Funktionsweise

Die Aufgabe des Siliziums in einer konventionellen Solarzelle wird in der Farbstoffsolarzelle von einem Farbstoff, der TCO-Beschichtung und dem Elektrolyt übernommen. Das Funktionsprinzip ahmt die Photosynthese von Pflanzen nach, indem Licht vom Farbstoff aufgenommen und absorbiert wird. Bei diesem Prozess werden Elektronen freigesetzt, die über die TCO-Beschichtung zur Anode geleitet werden. Um dies zu beschleunigen wird Platin oder Graphit als Katalysator eingesetzt. Dadurch entsteht eine elektrische Spannung in der Farbstoffsolarzelle[6].

4.4 Aufbau

Im Folgenden wird der Aufbau der Farbstoffsolarzelle erklärt (Abbildung 2: Schematischer Aufbau einer Farbstoffsolarzelle):

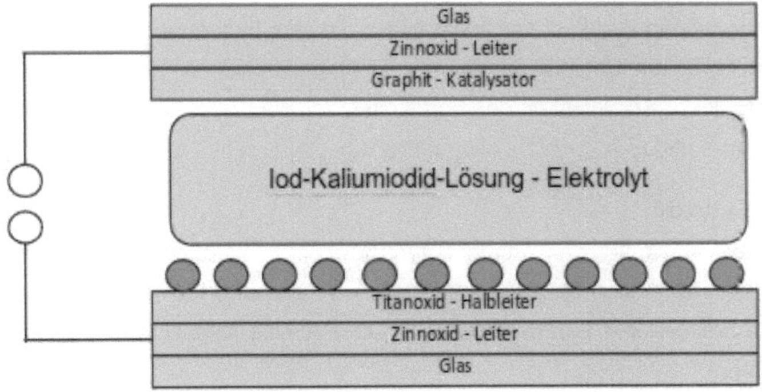

Abbildung 2: Schematischer Aufbau einer Farbstoffsolarzelle

4.4.1 Glas

Die Glasscheibe bildet eine physikalische Barriere, die die gesamte Grätzelzelle zusammenhält. Es ist dabei wichtig, dass die Glasscheibe möglichst viele Teile des Lichtes durchlässt und nicht absorbiert. Die Absorption von Licht führt zu einer Erwärmung der Farbstoffsolarzelle (5.5 verschiedene Umgebungstemperaturen). Eine Reflexion eines Lichtteils führt dazu, dass der Grätzelzelle weniger Licht zur Verfügung steht und ist somit weniger leistungsfähig ist. Wenn die Lichtdurchlässigkeit der Farbstoffsolarzelle keine Rolle spielt - wie zum Beispiel bei auf Dächern montierten Farbstoffsolarzellen - wäre eine Reflektion des Lichtes an der unteren Glasplatte leistungssteigernd, da Lichtwellen, die beim ersten Durchlaufen der Farbstoffsolarzelle

---

[6] Science Forum der Universität Siegen, S.5

nicht durch den Farbstoff absorbiert wurden, nochmals die Farbstoffsolarzelle durchlaufen und nicht verloren gehen.

4.4.2 Graphit

Das auf die Glasscheibe aufgetragene Graphit dient als Katalysator. Die Elektronen die aus dem Stromkreis an der oberen Zinnoxidschicht ankommen werden durch das Graphit schnell in den Elektrolyten geschickt. Ohne die Graphitschicht würde dieser Vorgang zu lange dauern[7][8].

4.4.3 Iod-Kaliumiodid-Lösung

Die Iod-Kaliumiodid-Lösung agiert als Elektrolyt und ermöglicht einen Transport der losgelösten Elektronen zwischen den beiden Elektroden. Die Iod-Kaliumiodid-Lösung liegt in einer I_2/KI Konzentration von 0,2/0,5 M vor.

4.4.4 Farbstoff

Wenn Licht auf den Farbstoff trifft, werden aus diesem Elektronen herausgeschlagen und dies führt zu einem Ungleichgewicht der Ladungen, wodurch Spannung entsteht. Ein Problem stellt die Kurzlebigkeit des Farbstoffes dar, da dieser meist bereits nach kurzer Zeit ausbleicht und nicht mehr funktionsfähig ist[9].

4.4.5 Titandioxid

Das Titandioxid ist auf der Anode aufgebracht und bildet eine nanoporöse Schicht. Dadurch vergrößert sich die Fläche auf der sich Farbstoffe festsetzen können und dies erhöht die Effizienz der Farbstoffsolarzelle. Die optimale Dicke dieser Titandioxidschicht beträgt 15 µm[10].

4.5 Anwendungsgebiete und Aussichten im Vergleich zu Siliziumsolarzellen

Die Vorteile der Farbstoffsolarzelle gegenüber konventionellen Siliziumsolarzellen liegen klar auf der Hand. So belaufen sich die Herstellungskosten für eine Farbstoffsolarzelle nur auf einen Bruchteil der Herstellungskosten einer Siliziumsolarzelle. Ein wichtiger Aspekt bei den Herstellungskosten ist auch die große Menge an Energie, die die Herstellung

---

[7] Science Forum der Universität Siegen, S.5

[8] Meyer, T.: Die Grätzelzelle - Die photochemische Solarenergiewandlung im Vergleich zur Photovoltaik auf Siliziumbasis, S.12

[9] Vorlesung an der LMU München von Prof. Dr. Ferenc Krausz

[10] Macht, B. Degradationsprozesse in $Ru(bpca)_2(NCS)_2$-sensibilisierten Farbstoffsolarzellen auf Titandioxidbasis, Kapitel 2, Seite 18

einer Siliziumsolarzelle im Gegensatz zur Farbstoffsolarzelle benötigt. Um zu beurteilen, ob die Effizienz der Farbstoffsolarzelle ein Vorteil oder ein Nachteil ist, muss gesagt werden, dass die Effizienz einer Farbstoffsolarzelle bei schwachem Licht ungefähr doppelt so groß ist wie die einer Siliziumsolarzelle. Bei intensivem Licht jedoch ist die gewonnene Energie der Siliziumsolarzelle deutlich über den Werten der Farbstoffsolarzelle (5.3 Vergleich: Siliziumsolarzelle - Farbstoffsolarzelle). Für die effiziente Stromgewinnung, wie zum Beispiel in Solarparks, ist - derzeit - der konventionellen Siliziumsolarzelle Vorrang zu gewähren. Will man jedoch auch das Tageslicht in Räumen nutzen, um zum Beispiel kleine elektronische Steuerungen zu betreiben, so sollte man auf die Farbstoffsolarzelle setzen.

5 Experimenteller Teil

5.1 Aufbau der Experimente

5.1.1 LED Scheinwerfer

Als Lichtquelle wurden in allen Experimenten LED Schweinwerfer der Marke LITECRAFT

Abbildung 3: LED Scheinwerfer

PAR 64 AT10 (Abbildung 3: LED Scheinwerfer) verwendet. Ein Scheinwerfer hat eine maximale Gesamtleistung von 180 W und lässt sich in 256 Stufen linear dimmen. In den Ergebnissen wird daher eine 100%ige Auslastung der Scheinwerfer als 255 und zum Beispiel eine 50%ige Auslastung als 127/126 angegeben. Wenn nur rotes Licht mit einer Leistung von 100% ausgestrahlt wurde, so entspricht

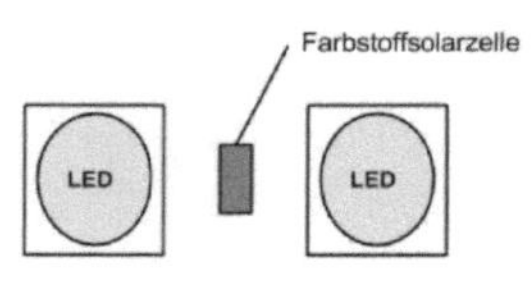

Abbildung 4: Bestrahlung der Farbstoffsolarzelle

diese Gesamtleistung 33% der Leistung der Scheinwerfer bei weißem Licht. Dies kommt dadurch zustande, dass dann nur die roten LEDs in den Scheinwerfern aktiv sind und die restlichen zwei Farben inaktiv (Grün, Blau). In den Experimenten wurden, falls nicht anders angegeben, jeweils 2 Scheinwerfer verwendet, die sich frontal gegenüber standen (Abbildung 4: Bestrahlung der Farbstoffsolarzelle). Die Farbstoffsolarzelle wurde jeweils von beiden Seiten in einem 45° Winkel angestrahlt.[11]

5.1.2 Anode

Die Anode besteht aus einer stromleitenden TCO Glasplatte auf die eine Titandioxidschicht aufgetragen wurde und in einem Emailofen bei ca. 450°C gebrannt wurde.

5.1.3 Kathode

Die Kathode besteht aus einer stromleitenden TCO Glasplatte auf die Graphit aufgetragen wurde. Das Graphit stammt aus einem handelsüblichen Bleistift.

---

[11] Litecraft Online

5.1.4 Farbstoffsolarzelle in den Experimenten

Wenn zu den Farbstoffsolarzellen in den Experimenten keine weiteren Angaben gemacht werden, so handelt es sich beim Farbstoff um Anthocyan (Hibiskusblütentee) und als TCO Material wird Titandioxid eingesetzt. Als Elektrolyt wird eine Iod-Kaliumiodid-Lösung verwendet.

5.2 Farbstoffe

5.2.1 organische Farbstoffe

5.2.1.1 Anthocyane

Anthocyane kommen in der Natur häufig vor, deswegen ist es wichtig diese Farbstoffe genauer zu untersuchen und auf ihre Verwendbarkeit hin zu überprüfen. Anthocyane kommen zum Beispiel in Hibiskusblütentee als auch in Johannisbeersaft vor und sorgen in beiden für die rote Färbung. Jedoch kommt dieser Farbstoff in unterschiedlichen Mengen vor. In Tabelle 1: Quellen für Anthocyane findet sich eine Gegenüberstellung von verschiedenen Quellen für Anthocyan.

1 Tabelle: Quellen für Anthocyane[12]

Enthaltener Farbstoff	Farbstoffquelle
500-1500 mg Delphinidin und Cyanidin (2:1) pro 100g	Hibiskus
1300–4000 mg pro 100ml	schwarzer Johannisbeersaft

Eine genaue quantitative Bestimmung des Farbstoffes der verwendeten Quellen würde über den Rahmen dieser Seminararbeit hinausgehen. Es ist jedoch ersichtlich, dass der schwarze Johannisbeersaft mehr Anthocyane enthält als der Hibiskusblütentee, da der Johannisbeersaft eine dunklere Farbe aufweist.

5.2.1.1.1 Anthocyane - Hibiskusblütentee

Thema

In diesem Experiment soll der Farbstoff Anthocyan auf seine Verwendbarkeit und seinen Wirkungsgrad in Farbstoffsolarzellen überprüft werden.

---

[12] Wikipedia, die freie Enzyklopädie

Vorbereitung

Als Farbstoffsolarzelle wird eine normale Farbstoffsolarzelle mit dem Farbstoff Anthocyan, der aus Hibiskusblütentee gewonnen wurde, verwendet. Als Lichtquelle werden LED

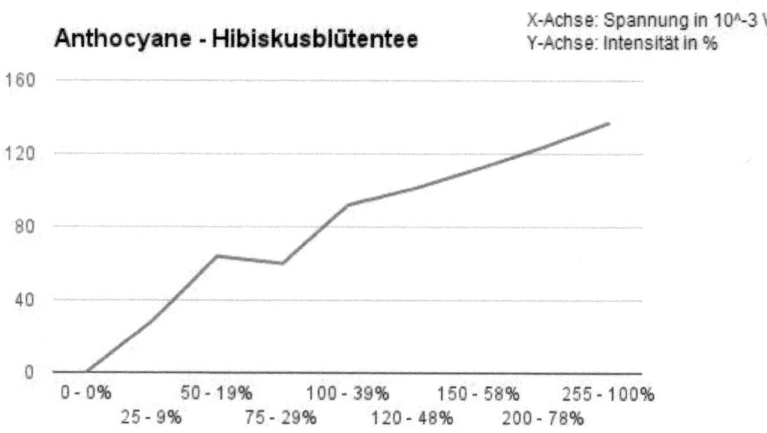

Abbildung 5: Messergebnisse Hibiskusblütentee, Lichtintensität

Stra hler verwendet (4.4 Aufbau).

Durchführung

Die Farbstoffsolarzelle wird vor den LED Strahlern aufgebaut und mit unterschiedlichen Lichtintensitäten bestrahlt. Als Lichtfarbe wird weißes Licht gewählt.

Ergebnis

Wie in Abbildung 5 zu sehen ist, ist die Spannung, die die Farbstoffsolarzelle erzeugt direkt proportional zu der aufgewandten Lichtintensität.

Fazit

Die entstehende Spannung der Farbstoffsolarzelle steigt direkt proportional zur Lichtintensität an. Daraus ergibt sich als Näherung folgende Formel:

$$V = 1,37 \cdot l \cdot 100$$

$$l: Lichtintensität\ in\ \%$$

5.2.1.1.2 Anthocyane - Johannisbeersaft

Thema

In diesem Experiment wird eine andere Quelle für Antocyane auf die Leistungsfähigkeit überprüft.

Vorbereitung

Auf die Farbstoffsolarzelle wird der Farbstoff aus schwarzem Johannisbeersaft aufgetragen und mit Licht bestrahlt.

Durchführung

Die Farbstoffsolarzelle wird mit dem Licht aus zwei LED Scheinwerfern bestrahlt und die Spannung bei unterschiedlichen Lichtintensitäten gemessen.

Ergebnis

Die entstandene Spannung ist direkt proportional zur aufgebrachten Lichtintensität (Abbildung 6: Messergebnisse Johannisbeersaft, Lichtintensität Lichtintensität).

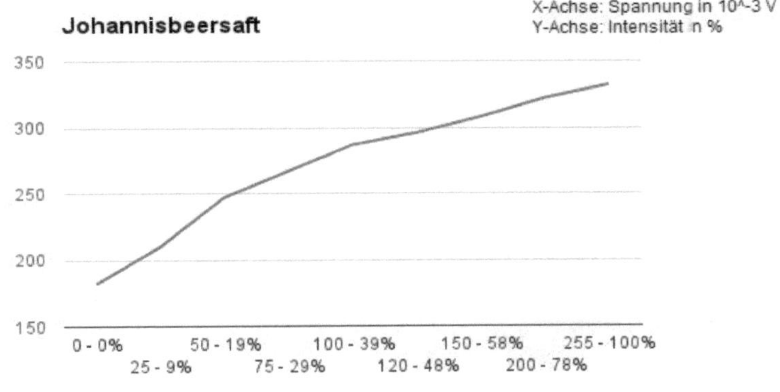

Abbildung 6: Messergebnisse Johannisbeersaft, Lichtintensität

Fazit

Die entstehende Spannung ist direkt proportional zur Lichtintensität. Näherungsweise lässt sich folgende Formel erstellen:

$$V = 1.57 \cdot l \cdot 100$$

$$l: Lichtintensität\ in\ \%$$

Anthocyane wurden nun aus verschiedenen Quellen mit unterschiedlicher Konzentration eingesetzt. Die Konzentration im Johannisbeersaft ist größer als im Hibiskusblütentee. Farbstoffsolarzellen, die mit Johannisbeersaft als Farbstoff hergestellt wurden können dadurch mehr Licht absorbieren und sind daher leistungsstärker.

5.2.1.2 Chlorophyll

Thema

In diesem Experiment soll der Farbstoff Chlorophyll auf seine Verwendbarkeit und seine Leistungsfähigkeit in Farbstoffsolarzellen überprüft werden. Chlorophyll ist der Farbstoff, der in sämtlichen Pflanzen enthalten ist und diese grün färbt. Chlorophyll dient in Pflanzen zur Photosynthese und absorbiert in dieser das Licht.

Vorbereitung

Der Farbstoff Chlorophyll wurde aus Gras extrahiert, indem das Gras zerschnitten und zerrieben wurde. Anschließend wurde es in Ethylalkohol gelöst. Der Ethylalkohol wurde danach zur Hälfte verdampft, damit die Konzentration des Chlorophylls in der Lösung zunimmt, wobei die genaue Konzentration unbekannt ist.

Durchführung

Nachdem die Farbstoffsolarzelle mit dem Farbstoff Chlorophyll hergestellt wurde, wird die Farbstoffsolarzelle mit weißem Licht aus zwei LED Scheinwerfern bestrahlt.

Ergebnis

Wie in Abbildung 7 zu sehen ist, steigt die Spannung, die die Farbstoffsolarzelle erzeugt direkt proportional zu der aufgewendeten Lichtintensität (Abbildung 7: Messergebnisse Chlorophyll, Lichtintensität).

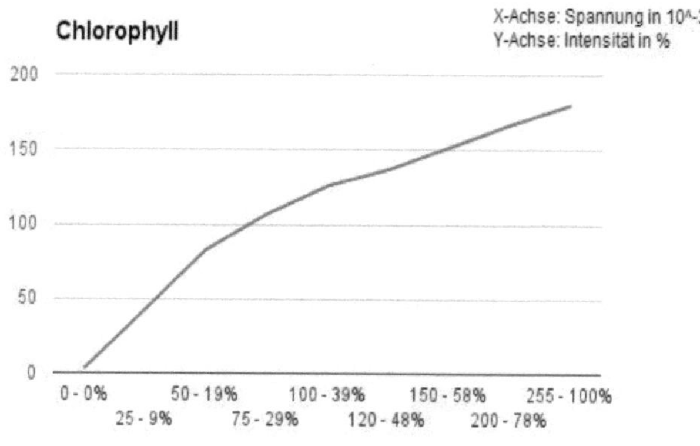

Abbildung 7: Messergebnisse Chlorophyll, Lichtintensität

Fazit

Die entstehende Spannung der Farbstoffsolarzelle steigt direkt proportional zur Lichtintensität an. Daraus ergibt sich als Näherung folgende Formel:

$$V = 1.8 \cdot l \cdot 100$$

$$l: Lichtintensität\ in\ \%$$

5.2.2 anorganische Farbstoffe

5.2.2.1 Tinte

Bei dem Versuch den Farbstoff der Farbstoffsolarzelle durch handelsübliche blaue Tinte zu ersetzen, muss man feststellen, dass eine solche Farbstoffsolarzelle keine Spannung bei Bestrahlung mit Licht erzeugt.

5.2.2.2 Filzstift

In diesem Experiment wurde der gelbe Farbstoff eines Pelikan© Textmarker 490 in der Farbstoffsolarzelle verwendet. Auch hier muss feststellen werden, dass sch dieser Farbstoff nicht für eine Farbstoffsolarzelle eignet und keine Spannung erzeugt wird.

5.2.2.3 Erklärung

Die Ladungstrennung in der Farbstoffsolarzelle erfolgt am Übergang von der organischen zur anorganischen Fläche. Die organische Fläche stellt den Farbstoff dar und die anorganische Fläche stellt die Titandioxidschicht dar, in der alle organischen Anteile durch das Brennen bei 450°C verbrannt wurden. Fehlt nun diese Grenzfläche, so können die Ladungen nicht getrennt werden und es kann keine Spannung entstehen[13].

5.3 Vergleich: Siliziumsolarzelle - Farbstoffsolarzelle

Thema

In diesem Experiment soll die Leistungsfähigkeit bei verschiedenen Lichtintensitäten von Solarzellen getestet werden. Dabei wird die Farbstoffsolarzelle mit einer Solarzelle auf Siliziumbasis verglichen.

Vorbereitung

Es wird zusätzlich zu der Farbstoffsolarzelle eine Siliziumsolarzelle benötigt. Diese wurde aus einem Solartaschenrechner (Texas Instruments TI-30XIIS) ausgebaut.

Durchführung

Jede Solarzelle wird mit der gleichen Lichtintensität bestrahlt und die entstehende Spannung wird gemessen.

---

[13] Universität Köln Physikalisch Chemisches Praktikum, S.1

Ergebnis

Da die Abmessungen der beiden Solarzellen nicht übereinstimmt und keine weiteren Merkmale über die Siliziumsolarzelle vorliegen, kann nur die Steigung der Graphen (Abbildung 8: Vergleich Siliziumsolarzelle - Farbstoffsolarzelle) im Vergleich zu der anderen Solarzelle betrachtet werden.

Fazit

Aus Abbildung 8 lässt sich ablesen, dass die Farbstoffsolarzelle der Siliziumsolarzelle in schwachem Licht deutlich überlegen ist.

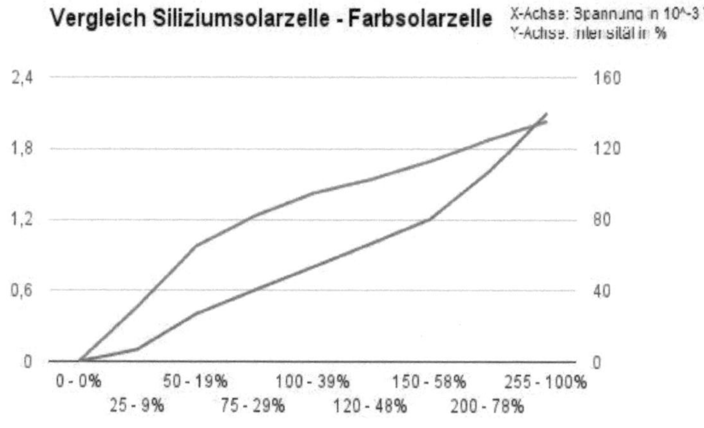

Abbildung 8: Vergleich Siliziumsolarzelle - Farbstoffsolarzelle

5.4 Auswirkungen verschiedener Abstände zur Lichtquelle

Thema

In diesem Experiment wird die erzeugte Spannung bei verschiedenen Abständen zwischen der Lichtquelle und der Farbstoffsolarzelle analysiert.

Vorbereitung

Ein LED Scheinwerfer wird in der waagrechten aufgebaut. Dabei wird die Farbstoffsolarzelle auf einer Schiene befestigt, um Entfernungen genau einstellen zu können.

Durchführung

Die Farbstoffsolarzelle wird sukzessiv von der Lichtquelle entfernt und jeweils die entstehende Spannung gemessen.

Ergebnis

Die Spannung nimmt linear mit vergrößerter Entfernung zur Lichtquelle ab (Abbildung 10: Abnahme der eingeschlossenen Fläche mit zunehmendem Abstand).

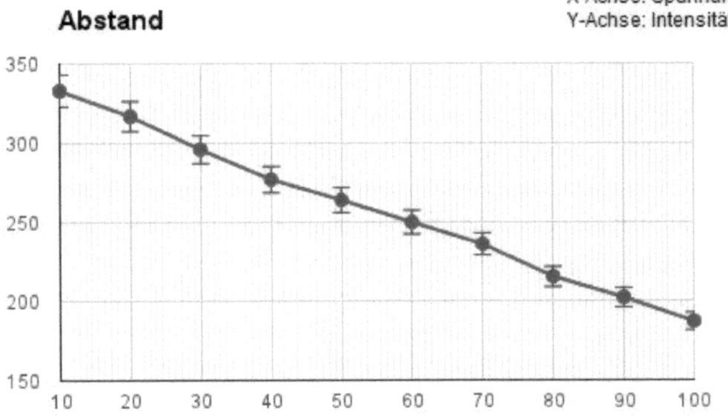

Abbildung 9: Spannung mit zunehmenden Abstand zur Lichtquelle

Der LED Scheinwerfer hat einen Abstrahlwinkel von 25° [14] und die Farbstoffsolarzelle wird im Abstand X angebracht. Entfernt man nun die Farbstoffsolarzelle weiter von der Lichtquelle (Abbildung 10: Abnahme der eingeschlossenen Fläche mit zunehmendem Abstand), so verringert sich die Anzahl an Photonen, die auf die Farbstoffsolarzelle auftreffen. Man kann so einen linearen Zusammenhang in der Ausdehnung der Fläche des Lichts, die die Farbstoffsolarzelle einschließt, herstellen.

Fazit

Als Näherung lässt sich folgender Zusammenhang aufstellen:

$$V = -1{,}62 \cdot x + 345{,}11$$

$x: Entfernung\ in\ cm$

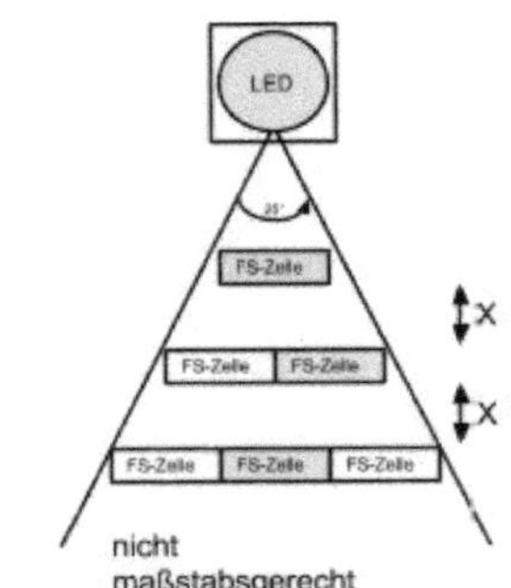

Abbildung 10: Abnahme der eingeschlossenen Fläche mit zunehmendem Abstand

---

[14] Litecraft Online

5.5 verschiedene Umgebungstemperaturen

Thema

In diesem Experiment soll die Abhängigkeit der Leistungsfähigkeit der Farbstoffsolarzelle zur Umgebungstemperatur gemessen werden. Dies ist wichtig, da sich die Farbstoffsolarzelle unter realen Bedingungen, wie zum Beispiel als Photovoltaik Anlage auf einem Dach, durch die einwirkende Sonnenstrahlung erhitzt, da Lichtenergie von der Farbstoffsolarzelle, aufgenommen wird. Man kann versuchen die Aufnahme durch die Bodenplatte zu reduzieren, indem man dort einen Spiegel anbringt und das Licht, das nicht vom Farbstoff absorbiert wurde noch einmal durch den Farbstoff und schließlich nach außen hinweg zu reflektieren (5.7 Technische Verbesserung: Ersetzung des Bodenglases durch einen Spiegel).

Vorbereitung

Es wurde auch in diesem Experiment auf den Farbstoff Anthocyane der Hibiskusblüte gesetzt.

Durchführung

Die Umgebungstemperatur wurde sukzessiv von 21°C auf 31°C erhöht und Messungen in regelmäßigen Abständen durchgeführt.

Ergebnis

Die Leistungsfähigkeit der Farbstoffsolarzelle sinkt mit steigender Temperatur linear.

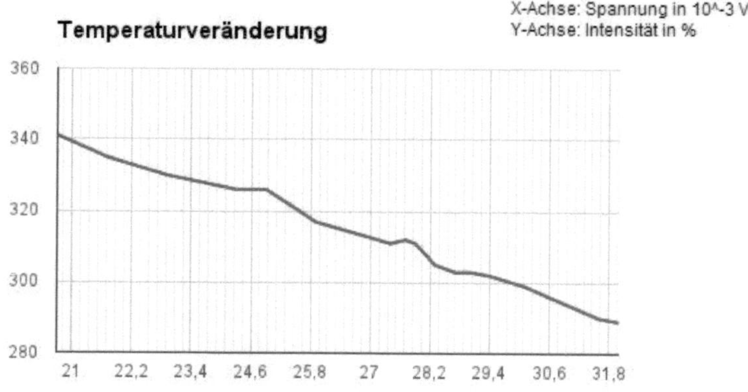

Abbildung 2: Auswirkungen von Temperaturveränderungen

Fazit

Die entstehende Spannung verhält sich umgekehrt proportional zur Umgebungstemperatur (Abbildung 2: Auswirkungen von Temperaturveränderungen). Daraus ergibt sich näherungsweise folgende Formel:

$$V = -4{,}60 \cdot t + 436{,}25$$

$$t: Temperatur\ in\ Celsius$$

5.6 Auswirkungen verschiedener Wellenlängen des Lichts

Thema

In diesem Experiment soll weißes Licht in seine Bestandteile zerlegt werden und die Auswirkungen auf die Leistungsfähigkeit der Farbstoffsolarzelle untersucht werden. Als Farbstoff kommt das rote Anthocyan zum Einsatz. Die Wellenlängen sind nach ihrer Farbe aufgeteilt (Tabelle 2: Wellenlängen verschiedender Lichtfarben)

Tabelle 2: Wellenlängen verschiedener Lichtfarben

Wellenlänge in nm	Farbe des Lichts
640 bis 780	rot
490 bis 570	grün
430 bis 490	blau

Vorbereitung

Als Farbstoffsolarzelle wird eine normale Farbstoffsolarzelle mit dem Farbstoff Anthocyan verwendet. Als Lichtquelle werden LED Strahler verwendet (4.4 Aufbau).

Durchführung

Die Farbstoffsolarzelle wird mit den drei verschiedenen Farben des Lichts bei unterschiedlicher Intensität bestrahlt.

Ergebnis

Die entstandene Spannung pro Lichteinheit ist bei rotem Licht am größten (Abbildung 12: Spannung bei verschiedenen Wellenlängen). Darauf folgt grünes Licht und blaues Licht ist am ineffizientesten (Abbildung 12: Spannung bei verschiedenen Wellenlängen).

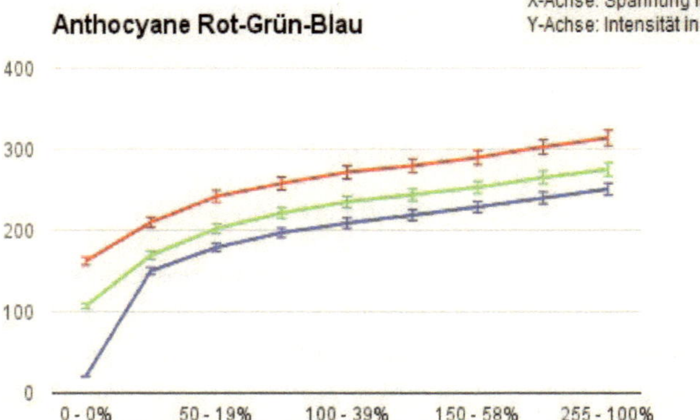

Abbildung 12: Spannung bei verschiedenen Wellenlängen

Fazit

Der Farbstoff Anthocyan absorbiert das rote Licht am effizientesten und kann dementsprechend viele Elektronen freisetzen, was sich wiederum in einer erhöhten Spannung niederschlägt. Diese Spannung ist im Gegensatz zum Grünen und Blauen Licht deutlich größer, da das grüne und blaue Licht nicht so stark vom Farbstoff absorbiert werden kann. Das Absorptionsspektrum des Farbstoffes wird in Abbildung 13: Absorptionsspektrum von Anthocyane wiedergegeben. Der Farbstoff ist in einer neutralen Lösung.

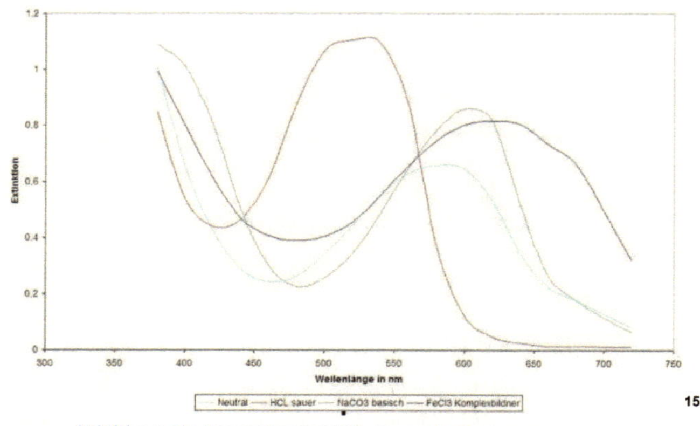

15

Abbildung 13: Absorptionsspektrum von Anthocyane

---

¹⁵ Wikispaces, Anthocyane

5.7 Technische Verbesserung: Ersetzung des Bodenglases durch einen Spiegel

Thema

Die Farbstoffsolarzelle kann so gebaut werden, dass Licht, das nicht absorbiert wird die Farbstoffsolarzelle wieder an ihrer Unterseite verlässt. So ließen sich Farbstoffsolarzellen in Fassaden, Fenster oder ähnlichem einbauen und so die dahinterliegenden Räume indirekt beleuchten. Ein anderer Effekt ist, dass sich die Farbstoffsolarzelle im Sonnenlicht erhitzt und ihre Leistungsfähigkeit dadurch abnimmt (5.5 verschiedene Umgebungstemperaturen). Wenn das Licht durch die Farbstoffsolarzelle hindurch kann, dann erhitzt sich diese nicht so stark, da die Rückseite der Farbstoffsolarzelle

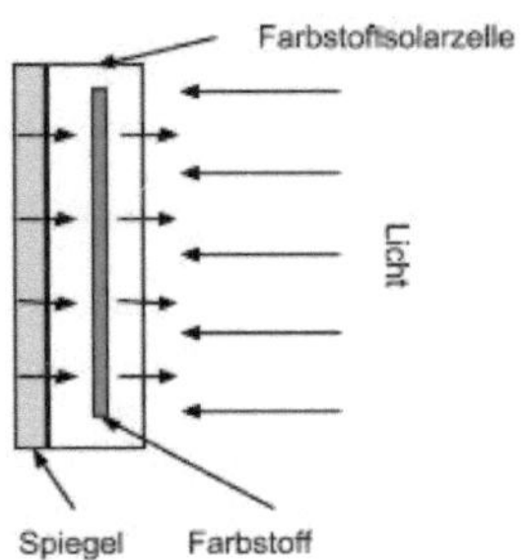

Abbildung 14: Farbstoffsolarzelle mit Rückseitenspiegel

das überschüssige Licht nicht absorbieren kann. Wird das Licht dahinter nicht gebraucht wird, so kann man es mit einem Spiegel zurückwerfen und noch einmal durch die Farbstoffschicht schicken. Dadurch würde sich die Farbstoffsolarzelle insgesamt nicht so sehr erhitzen, was durch die niedrigere Temperatur zu einer erhöhten Leistungsfähigkeit führt (5.5 verschiedene Umgebungstemperaturen) und das noch nicht vom Farbstoff absorbierte Licht hat nun noch einmal die Möglichkeit vom Farbstoff absorbiert zu werden. Dadurch sollte die Leistungsfähigkeit in zweierlei Hinsichten gesteigert werden.

Vorbereitung

An der Rückseite der Farbstoffsolarzelle wird ein Spiegel so befestigt, dass dieser das einfallende Licht reflektiert und erneut durch die Farbstoffsolarzelle schickt (Abbildung 14: Farbstoffsolarzelle mit Rückseitenspiegel).

Durchführung

Die verbesserte Farbstoffsolarzelle wird von zwei LED Strahlern mit verschiedenen Lichtintensitäten bestrahlt, wobei jeweils die entstehende Spannung gemessen wird. Als Kontrollergebnis wird dieselbe Farbstoffsolarzelle mit den gleichen Lichtintensitäten nochmals bestrahlt, jedoch ohne reflektierende Rückseite.

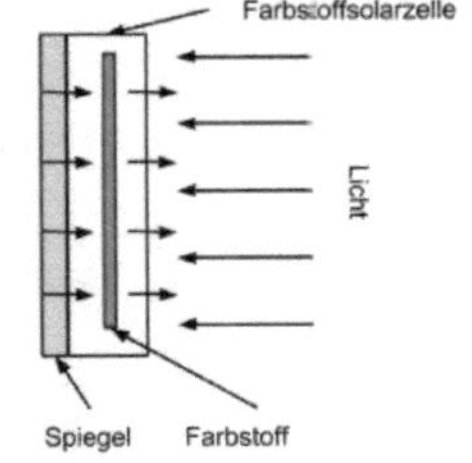

Abbildung 14: Farbstoffsolarzelle mit Rückseitenspiegel

Ergebnis

Abbildung 15: Spannung einer Farbstoffsolarzelle mit Rückseitenspiegel bei verschiedenen Lichtintensitäten mit, als auch ohne Spiegel.

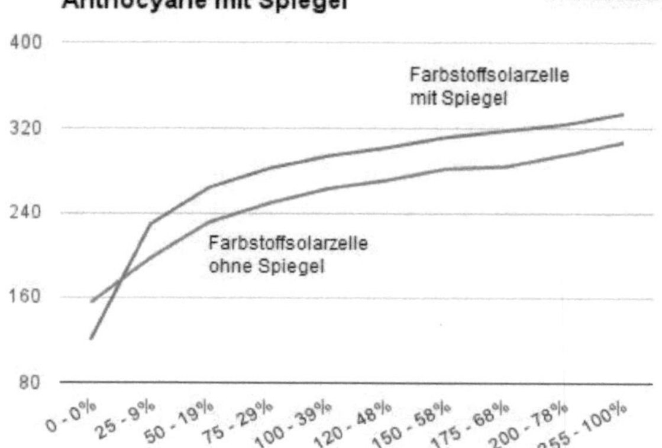

Abbildung 15: Spannung einer Farbstoffsolarzelle mit Rückseitenspiegel bei verschiedenen Lichtintensitäten

Fazit

Ein Spiegel an der Rückseite der Farbstoffsolarzelle steigert die Leistungsfähigkeit dieser. Die Leistung der Farbstoffsolarzelle mit Spiegel ist im Durchschnitt um 11% größer als ohne Spiegel.

Somit ist es sinnvoll, die Farbstoffsolarzelle zur Stromgewinnung an der Rückseite mit einem Spiegel auszustatten.

6 Resümee

Die technische Umsetzung der Photosynthese als Farbsolarzelle ist eine herausragende Leistung. Man ist derzeit zwar noch nicht in der Lage die genauen Prozesse innerhalb der Farbstoffsolarzelle zu verstehen, jedoch ist man bereits schon so weit um die Farbstoffsolarzelle aus ihrem Nischendasein zu einem ehrwürdigem Konkurrenten gegenüber konventioneller Solartechnik zu erheben. Es bleibt ein spannender Ausblick auf die Zukunft des Solarmarkts.

7 Quellenverzeichnis

Printmedien

[5] Meyer, T.: Die Grätzelzelle - Die photochemische Solarenergiewandlung im Vergleich zur Photovoltaik auf Siliziumbasis, 2005, S.6

[6] Führ, U., Woyke A., Kraft F., Science Forum der Universität Siegen, 2012, S.5

[7] Führ, U., Woyke A., Kraft F., Science Forum der Universität Siegen, 2012, S.5

[8] Meyer, T.: Die Grätzelzelle - Die photochemische Solarenergiewandlung im Vergleich zur Photovoltaik auf Siliziumbasis, 2005, S.12

[10] Macht, B. Degradationsprozesse in $Ru(bpca)_2(NCS)_2$-sensibilisierten Farbstoffsolarzellen auf Titandioxidbasis, 2003, Kapitel 2, Seite 18

[11] Bührke, T, Roland Wengenmayr.: Erneuerbare Energie, 2011, 3. Ausgabe, S.26

[13] http://de.wikipedia.org/wiki/Anthocyane, 10.11.2013, 10:00

[14] Universität Köln Physikalisch Chemisches Praktikum, 20 S.1

Internetquellen

[1] https://www.youtube.com/watch?v=WlYTXrCbK70, 10.11.1013, 10:00 Uhr

[2] http://de.wikipedia.org/wiki/%C3%96lpreis, 10.11.2013, 10:00 Uhr

[12] http://www.litecraft-online.com/de_DE/produkte/index.html?Category=002390100&Article=00161483, 10.11.2013, 10:00 Uhr

[14] http://www.litecraft-online.com/de_DE/produkte/index.html?Category=002390100&Article=00161483, 10.11.2013, 10:00 Uhr

[15] http://anthocyane.wikispaces.com/, 10.11.2013, 10:00 Uhr

Vorlesungen

[3] Vorlesung an der LMU München von Ferenc Krausz, 04. 09. 2013

[4] Vorlesung an der LMU München von Ferenc Krausz, 04. 09. 2013

[9] Vorlesung an der LMU München von Ferenc Krausz, 04.09. 2013

Abbildungsverzeichnis